AF342720

RÉPONSE

DE MADAME LA MARQUISE

DU CHASTELET,

A la Lettre que M. de Mairan ,
Secretaire perpetuel de l'Academie Royale des Sciences , lui
a écrite le 18. Février 1741.
sur la question des forces vives

À BRUXELLES, chez Foppens. 1741.

RÉPONSE

DE MADAME LA MARQUISE

DU CHASTELET,

A la Lettre que M. de Mairan, Secretaire perpetuel de l'Academie des Sciences, &c. lui a écrit le 18. Février 1741. sur la question des forces vices. *

A BRUXELLES, *ce 26. Mars* 1741.

Uelque forme que prennent vos ouvrages, Monsieur, j'en ferai toujours un cas infini ; ainsi vous ne devez pas douter de la reconnoissance avec laquelle je reçois l'édition *in-*12 de votre Mémoire que vous m'envoyez, & je commence à croire véritablement les Institutions de Physique un livre *d'importance*, depuis qu'elles ont procuré au public la page 4. lig. derniere.

* Tous les chiffres indiqués à la marge renvoyent à la lettre de Mr de Mairain, à laquelle cette lettre répond.

Lettre à laquelle je vais répondre , & cette
nouvelle édition de votre Mémoire dont vous
pag. 4. avec *confenti* qu'on l'enrichît , avec les change-
lig. 6. mens importans que vous y avez faits , & dont
vous avez la bonté de m'inftruire.

Si je n'avois craint de manquer à la politeffe
en différant trop long-tems cette réponfe , je
vous aurois demandé quelques éclairciffemens
dont j'avouë que j'aurois befoin.

Je vous aurois demandé , par exemple , ce
que vous entendez par *bien lire* un ouvrage ,
afin que je puiffe me garantir   dans la fuite du
pag. 5. reproche que vous me faites de n'avoir pas *bien
lig. 8. lû* ni dans fon *énoncé* , ni dans le *texte* qui la
& 9. fuit , la propofition de votre Mémoire dont j'ai
pris la liberté de ne pas convenir.

Or jufqu'à ce que vous m'ayiez expliqué fur
cela votre penfée , je fuis obligée d'interprêter
à la maniere des Scholiaftes ce paffage un peu
obfcur , par un autre très-clair qui fe lit à la
lig.der- page 26 & 27 de votre Lettre , & je trouve par
niere & ce moyen que cela veut dire , que je n'ai point
prem. lû du tout cette propofition. Voilà affurément
une accufation des plus graves , car puifqu'il
pag. 5. ne s'agiffoit que de la *bien* lire , dans fon *énoncé*,
pour en comprendre toute la force , je fuis bien
coupable de n'avoir pas pris cette peine , moi
qui ai pris celle de lire deux fois votre Mémoire.

(5)

Mais je vous avouë à ma confusion, que je
ne puis deviner aussi heureusement ce que l'*Er-* pag. 7.
lig. 6.
rata de mon Mémoire sur le feu, & ce qui se
passa, dites-vous, à l'Imprimerie Roiale, à son
occasion, peuvent faire aux forces vives.

J'avois pris la liberté de prouver dans les Institutions Physiques, que vous aviez fait un
mauvais raisonnement dans votre Mémoire de
1728. A cela, vous me répondez que j'ai fait
un *Errata*; vous m'avouërez que cet *Errata* est
précisément le tronc de St Mery * du Pere Anat.

Je suis encore dans un grand embarras pour
sçavoir quel *Contraste* un *Errata* peut faire *avec* pag. 7.
le monde pour lequel je suis née; s'il y a du *Con-*
traste dans tout ceci, il me semble que ce n'est
pas dans cet *Errata* qu'il consiste.

Après vous avoir proposé mes doutes, sur les
endroits de votre lettre qui m'ont paru obscurs,
je vais répondre à ceux, qui, ce me semble,
n'ont pas besoin d'éclaircissement ; car je vois
très-clairement, par exemple, que mes Senti-
mens Philosophiques pouvoient *marcher* sans pag. 7.
lig. 24.
& 25.
que vous y fussiez *nommément* impliqué,& je me
flatte qu'ils n'ont point perdu ce privilege.

Le Conseil que vous voulez bien me don-

---

* Provinciales, lettre 17. addressée au Pere Anat.

ner *de lire* , & de *relire* votre Mémoire, me pa-
roit encore très-clair ; mais je puis vous affurer
que plus je le *lis* & *relis* , & plus je me confirme
dans l'idée où je fuis, que quelque fuppofition
que vous faffiez, une force capable de fermer
4. refforts feulement, n'en fermera jamais fix.

Mais avant de le prouver de nouveau, je
dois répondre à un autre reproche que vous
me faites, & qui n'eft pas moins grave que le
premier, c'eft d'avoir tronqué, & défiguré l'endroit de votre Mémoire que j'examine dans mon
livre.

Heureufement, il n'y a point de lecteur qui
ne puiffe juger par fes yeux, de la juftice de ce
reproche, en comparant cet endroit tel que je
l'ai abregé dans mon ouvrage, avec les n°. ;8.
39. 40. 41. 42. 43. &. 44. de votre Mémoire
in 4°. dans lequel ils occupent 6 pages * que je
ne pouvois, ni ne voulois tranfcrire dans mon
livre ; ainfi vous ne devez pas exiger que toutes vos paroles s'y trouvent, & vous en convenez vous-même à la page 12. de votre lettre :
montrez donc, fi cela eft , que votre fens ne s'y
trouve pas.

pag. 12. C'eft apparemment ce que vous avez prétendu faire, en me demandant dans quel endroit du

---

* Ils en occupent 14. dans l'*in*. 12.

nº. 33. de votre Mémoire , on trouve ce qui eſt marqué par des guillemets à la fin de la page 432. des Inſtitutions , car il n'y a aſſurément per- ſonne , qui en liſant cette interrogation , ne croye que je vous prête dans l'endroit que vous citez , des ſentimens , & des expreſſions , en- tierement oppoſés aux vôtres.

Comme il ne s'agit heureuſement pas ici de tranſcrire 14 pages , je vais épargner au Lecteur la peine d'aller chercher cet endroit, dans mon livre , & dans votre Mémoire , & je vais lui mettre les deux textes ſous les yeux , afin qu'il juge par lui-même , de l'importance des variations qui s'y trouvent.

Il s'agit dans cet endroit de la comparaiſon du mouvement uniforme , & du mouvement retardé.

Inſtit. de Phiſique pag. 432.	Mém. de Mr. de Mairan. nº. 33. p. 57. de l'*in.* 12. & 24. & de l'*in.* 4º.
Mr. de Mairan dit encore numero 33. que de même qu'une force n'eſt pas infinie, parce que le mouvement uniforme qu'elle produiroit dans un	Comme il ne s'enſuit pas de ce que le mouve- ment uniforme d'un corps fini qui a une viteſſe finie ne ceſſe jamais , ou dure toujours , que la force mo-

trice actuelle qui le pro-
duit soit infinie, il ne s'en-
suit pas non plus à la ri-
gueur, que la force mo-
trice de ce même corps
dans le mouvement retar-
dé en soit plus grande,
de ce qu'elle doit durer
davantage.

espace non resistant ne
cesseroit jamais, il ne s'en-
suit pas non plus, à la
rigueur, que la force mo-
trice de ce même corps en
soit plus grande, parce
qu'elle dure plus long-
temps.

Après avoir comparé ces deux textes, avec toute l'exactitude possible, pour y decouvrir mes fautes, je trouve entr'autres obmissions considerables, que j'ai oublié de mettre après ces mots, *ne cesse jamais*, ceux-ci qui se trouvent dans votre texte, *ou dure toujours*, & j'avoue que c'est là une infidelité impardonnable.

Je pourrois pousser cette glose plus loin, mais ce seroit, je crois, abuser de la patience du Lecteur, qui peut juger en connoissance de cause, après cet Exemple, à qui de nous deux il doit s'en prendre, si ce qui est marqué par des guillemets & en italique aux pag. 429. 430. 431. & 432. des Institutions, *est défectueux, pour ne rien dire de pis*, ce sont les paroles de votre Lettre, car je n'aurois garde assurément de me servir de ces termes, mais il vous est permis de faire de votre bien, ce qu'il vous plaît.

Comme il ne m'appartient pas d'en user de

même je dois, avant de quitter cette matiere,
répondre à ce que vous ajoutez à la pag. 13. de
votre Lettre, où vous me reprochés d'avoir fup-
primé de l'énoncé de cette proposition, *que ce
font les refforts non applatis qui donnent la mefure de
la force motrice*, ces paroles qui la terminent, & qui
felon vous l'auroient mife à l'abri detoute criti-
que, *& qui l'auroient été fi la force fe fût toujours fou-
tenuë & n'eut point fouffert de diminution* ; mais je
demande à tout Lecteur équitable, fi ces mots
qui fe trouvent à la fin de l'italique de la page
431. des Inftitutions *par un mouvement uniforme
& une force conftante*, ne renferment pas, tout
ce que ceux, de la fuppreffion defquels vous vous
plaignez, expriment, & s'il y a enfin d'autre différence entre eux que la différence numerique,
des mots? j'étois d'autant plus autorifée à croire, que les mots dont je me fuis fervi renfer-
moient le même fens, que ceux que j'ai, dites
vous *fupprimés*, que vous avez employé vous-
même deux fois ces mêmes mots, *par un mouvement uniforme & une force conftante*, au no. 41. de
votre Mémoire, pag. 73. lig. 12.& 74. lig. 8. * &
cela pour exprimer la même chofe precifément,
que ceux de la fuppreffion defquels vous vous
plaignez, expriment.

---

* Ces mêmes mots font rapportés ci-deffous dans le
texte de M. de Mairan que j'y ai tranfcrit pag. 16. lig.
17. & 18. Le Lecteur peut voir par lui-même s'il ne les
a pas employés dans cet endroit pour exprimer la même chofe que ceux de la fuppreffion defquels il fe plaint.

Je suis d'ailleurs si éloignée d'avoir voulu supprimer ces paroles, que je dis encore à la même pag. 431. des Institutions lig. 14. » Car » si l'on suppose, avec M. de Mairan, que le » corps n'auroit consumé *aucune partie de sa force* » pour fermer 4 ressorts dans la premiere se- » conde *d'un mouvement uniforme*, je dis que ces » ressorts ne seront point fermés, ou qu'ils le » seront par un autre agent.

Est-il possible après cela que vous m'impu- tiez d'avoir obmis, ce que je refute si positive- ment, & ce qui me fournissoit un si beau champ de refutation, car c'est en cela même que con- siste le paralogisme, que je demêle en cet en- droit, & les pag. 431. & 432. des Institutions ne font employées qu'à le combattre ? comment pouvez vous donc dire avec quelque bonne foi, *que l'on peut raisonnablement douter que j'eusse jamais voulu attaquer cette Theorie, si ces paroles* pag. 13. *n'eussent pas été retranchées de son Enoncé . . . . & que ces paroles ne se trouvent ni dans les morceaux que je vous attribuë, ni dans les remarques de ma part qui les accompagnent.*

Je laisse au Lecteur à juger de l'équité de ce reproche, & je lui demande si ce n'est pas moi qui suis en droit de croire que vous n'avez pas lû, ou du moins que vous n'avez pas *bien* lû les pag. 431. & 432. des Institutions, & si je ne puis pas vous dire à mon tour, *lisez*, Monfieur, je vous fupplie, & *relifez* cet endroit de mon Livre, & vous verrez que ce ne font point de fimples *refumez*, ni les *paroles d'un autre* que j'ai tranfcrit, mais les vôtres mêmes, aufquelles je n'en aurois pû fubftituer d'autres, fans perdre infiniment au change. pag. 11.
pag. 20.
& 21.

Et en effet, je ne puis croire encore que ce foit ferieufement, que vous apportez pour ju_ftifier votre propofition, ce précifement en quoi j'ai fait voir que confifte fa fauffeté, & jufqu'à ce que vous l'ayez défenduë autrement que par fon propre énoncé, je ferai en droit de la croire fuffifamment refutée par ce que j'ai dit dans les Inftitutions Phifiques.

Il n'eft pas étonnant après ce que l'on vient de voir que vous n'ayiez pas voulu comprendre ce que je dis à la pag. 432. de ces mêmes Inftitu_tions. Car c'eft le commencement de l'argument par lequel je refute ce même paffage que vous me reprochez de n'avoir ni *lû* ni *rapporté* ; mais affurément c'eft vous ici qui tronquez des paf_fages. Car fi j'avois dit fans reftriction, com_me vous me l'imputez, *qu'on ne peut, même par voye d'hipothefe, réduire le mouvement retardé en uniforme*, il n'y auroit nulle obfcurité, & il feroit très clair que j'aurois dit une grande fot_tife ; mais quand j'ai avancé à la pag. 430. des Inftitutions, *Qu'on ne peut même par voye d'hi_pothefe réduire le mouvement retardé en uniforme,* pag. 10.

j'avois dit auparavant , *dans les obſtacles ſurmon-*
tés , comme les deplacemens de matiere , les reſſorts
fermés , &c. on ne peut même par voye d'hipotheſe ,
&c. or dites moi , je vous ſupplie , pourquoi
vous qui exigez tant d'exactitude, vous en avez
ſi peu dans cette occaſion , & pourquoi vous
avez ſupprimé , non-ſeulement ces mots , car
ce feroit peu de choſe , mais le ſens qu'ils renferment , & qui fait voir clairement que je n'ai
point dit , qu'on ne peut *jamais* réduire par hipotheſe le mouvement retardé en uniforme ,
mais que dans le cas que vous ſuppoſez dans
votre Mémoire , cela eſt impoſſible , & cela le
ſera effectivement toujours ; car on ne peut réduire par hipotheſe , le mouvement retardé
en uniforme , ſans faire abſtraction des obſtacles que le Corps en mouvement rencontre
(comme ont fait Galilée , & tous ceux qui ſe
ſont ſervis de cette ſuppoſition) or vous ne pouvez pas certainement faire abſtraction de ces
obſtacles , puiſque vous les ſuppoſez ſurmontés dans l'endroit de votre Mémoire dont il s'a-
git , & qu'il n'y eſt queſtion même que d'eſti-
mer la force qui les ſurmonte , j'ai donc eu raiſon de dire que dans le cas que vous ſuppoſez ,
on ne peut , même par hipotheſe , réduire le
mouvement retardé en uniforme , & vous l'a-
vez ſi bien compris que les pag. 9. & 10. de
votre Lettre ne ſont employées , qu'à tâcher de
pallier la fauſſeté de cette propoſition , *que l'on*
peut ſuppoſer la force uniforme quoiqu'elle faſſe ſur-

monter au mobile les obstacles qu'il rencontre, de même qu'on suppose le mouvement uniforme dans un espace non resistant.

Examinons donc encore par les regles de la plus sévere Logique cette proposition, & voyons si l'on doit en effet estimer la force des Corps par les effets qu'ils ne font point, & si les forces vives pourront se relever de ce coup si rude que Mr * Deidier prétend que vous leur avez porté, par cette nouvelle façon de les évaluer.

Je me servirai de l'exemple que vous apportez aux no. 40 & 41 de votre Mémoire pag. 71 de l'*in*-12, 30 & 31 de l'*in*-4°. (Car je suis bien-aise de vous faire voir que je les ai ici tous deux,) je me sers de l'exemple que vous apportez dans cet endroit, parceque vous y entrez dans un plus grand détail que dans votre Lettre.

Voici votre proposition num. 40, car vous m'avez appris à être exacte, & je rapporterai vos propres mots.

---

* Le jour même que la lettre de M. de Mairan à Madame du Châtelet parut, Mr l'Abbé Deidier ami de Mr de Mairan donna une petite Brochure intitulée : *Nouvelle réfutation de l'hipothese des forces vives*, à Paris, chez Jombert. La moitié de cet Ouvrage est employé à réfuter le Mémoire que M. Jean Bernouilli, envoya pour les prix de l'Academie en 1726. & l'autre moitié à réfuter les Institutions Physiques, & à louer l'ouvrage de M. de Mairan qu'on y attaque.

Ce qui vient d'être dit des espaces non parcourus
n'a pas moins lieu à l'égard de tous les autres effets
du mouvement, & du choc, comme il a été remarqué ci-dessus num. 27. par rapport aux espaces
parcourus ; & nous dirons de même, 1°. que ce ne
sont point les parties de matiere déplacées ni les ressorts tendus ou applatis qui donnent l'estimation ou
la mesure de la force motrice, mais les parties de
matiere non déplacées, les ressorts non tendus, ou
non applatis, & qui l'auroient été, si la force motrice se fut toujours soutenue & n'eut point souffert
de diminution, 2°. que ces parties de matiere non
déplacées sont en raison &c. Comme n°. 38.

Voici à présent votre preuve de cette proposition, telle qu'elle se trouve n°. 41.

Pour en donner un exemple, soient des impulsions, des obstacles, ou des résistances quelconques,
[car vous voyez que je n'obmets rien,] uni-
formement placées sur le chemin du mobile **A**. telles
que des particules de matiere à déplacer, ou des
lames de ressort à soulever, ou à tendre, il est évident, que si le mobile **A**. avec un degré de vitesse
& de force peut en soulever deux en un instant par
un mouvement uniforme, c'est-à-dire en conservant,
ou en reprenant toujours toute sa force ; & toute sa
vitesse après avoir soulevé la premiere, & qu'au
contraire, il n'en puisse soulever qu'une par un mouvement retardé, toute sa force, & toute sa vitesse
s'étant consumée à soulever la premiere ; il est 'dis-

évident , par tout ce que j'ai dit ci-deſſus n°. 28.
que le mobile A. ayant 2 de force , & autant de
viteſſe ſouleveroit 4 de ces lames de reſſort en un
inſtant par un mouvement uniforme ; mais il perd
dans cet inſtant & en tendant les premiers reſſorts
un degré de ſa force , & un degré de ſa viteſſe , &
un degré de force & de viteſſe perduë , donne par
hipotheſe n° 27. une lame de moins de ſoulevée , donc
il n'en ſoulevera que 3 au premier inſtant , & il s'en
faudra la lame 4 qu'il ne faſſe ce qu'il auroit fait ,
s'il n'eut rien perdu ; cependant , comme il lui reſte
encore un degré de force & de viteſſe , qui lui feroit ſoulever 2 lames en un ſecond inſtant , ſi ſon
mouvement demeuroit uniforme , & ſa force
conſtante , il doit continuer de ſe mouvoir , & d'a-
gir contre les reſiſtances qui s'oppoſent à ſon mouvement ; mais au lieu de deux , il n'en doit ſurmonter
qu'une ou ſoulever une lame , à cauſe que ſon mouvement y eſt retardé , & ſa force totalement éteinte ,
ce qui fera en tout , 4 lames ſoulevées en vertu de 3
degrés de force & de l'action totale qui a duré 2 inſtans , ſçavoir 4 reſſorts moins un , égal 3 , au premier inſtant & 2 reſſorts moins un , égal 1. au ſecond , & l'on voit bien que ce ſera toujours la même
choſe , ſi au lieu de ſuppoſer 2 degrés de viteſſe , & 2
inſtans , on en ſuppoſe 3. 4. &c. & que le mobile
déplacera 6 ou 8 reſſorts par un mouvement uniforme , & une force conſtante , & ſeulement 6 moins
un , ou 8 moins un , par un mouvement retardé
& une force décroiſſante dans le premier inſtant , &
ainſi de ſuite.

Je me flatte que vous êtes content de l'exactitude de cet exposé , je vais tacher à présent
que vous le soyez de la réponse.

Je remarque donc premierement , que vous
dites bien expressément dans le premier exemple que vous apportez , que le Corps A qui a
un de vitesse & un de force qu'il consume en
soulevant une lame dans le premier instant ,
reprend toute sa force & toute sa vitesse pour
soulever encore une seconde lame dans ce premier instant , d'où je conclus que selon vous-
même , ces deux lames ont été soulevées dans
le premier instant par deux de force , sçavoir ,
un de force que le Corps avoit en comman-
çant à se mouvoir , & que vous convenez qu'il
a consumé en soulevant la premiere lame , plus
un de force que vous lui faites reprendre pour
soulever la seconde lame , ce qui fait les deux
lames que vous supposez qu'il souleve d'un
mouvement uniforme dans le premier instant ;
or il n'y a rien là que de très-possible, & il fau-
droit , comme dit M. Deidier , être de bien
méchante humeur pour vous le contester ; mais
je ne vois pas ce que vous en pouvez conclure,
pour la force du Corps A que vous supposez
avoir commencé à se mouvoir , avec un de vitesse & un de force.

Quant à l'autre cas , dans lequel vous donnez
2 degrés de vitesse au Corps A , avec lesquels
vous

(17)

vous suppofez qu'il fouleveroit 4 lames dans le
premier inftant , & 2 dans le fecond , *par un
mouvement uniforme & une force conftante*, je dis ,
que les 4 lames ne pourront jamais ètre foulevées dans le premier inftant , même par hipothefe , qu'en confumant les 2 degrés de viteffe
& toute la force que ce Corps avoit en commençant à fe mouvoir , je dis qu'elles ne le
peuvent pas être fans cela , même par hipothefe , car il ne vous eft pas permis de fuppofer
en même tems, que ces lames feroient fouleveés,
& qu'elles ne feroient pas foulevées , & c'eft cependant ce que vous fuppoferiez , fi vous difiez,
que le corps A. auroit foulevé 4 lames dans le
premier inftant, d'un mouvement uniforme , &
que vous ne vouluffiez pas convenir, en même-
tems , qu'il auroit confumé en les foulevant , la
force néceffaire pour les foulever. Or vous avez pag. 15.
dit ci-deffus qu'il faut 2 degrés de force à un de cette
Corps pour foulever 2 lames, donc felon vous- Lettre.
même il faut 4 de force pour foulever 4 lames ,
foit que vous appelliez cette force *une force con-*
ftante, foit que vous lui donniez un autre nom ,
foit enfin que vous y ajoutiez ces mots , *par un*
mouvement uniforme ; donc ce Corps qui avoit en
commençant à fe mouvoir 2 de viteffe en vertu pag. 16.
defquels il pouvoit, dites-vous, foulever 4 lames, de cette
n'aura plus rien dans le fecond inftant fi vous Lettre.
lui faites foulever par hipothefe ces 4 lames
dans le premier , & les deux lames que vous lui
faites foulever dans le fecond inftant ne le fe-

B

ront point , ou bien elles le feront par un autre agent , & en vertu d'une nouvelle force.

Or il eſt clair , qu'il faut que vous ſuppoſiez , ou que ce Corps auroit renouvellé ſa force pour ſoulever 6 lames en 2 inſtans , auquel
cas ce n'eſt plus ſa force réelle que vous eva-
luez , mais une force nouvelle dont vous ne
pouvez rien conclure , ou bien ſi vous vouliez
tirer de cet exemple la meſure de la force réelle de ce Corps , par la comparaiſon de ce qu'il
fait d'un mouvement retardé , à ce qu'il auroit
fait d'un mouvement uniforme , il faut abſolu-
ment que vous ſuppoſiez , que c'eſt avec la
même force , avec laquelle il a commencé à ſe
mouvoir , qu'il auroit ſoulevé 6 lames au lieu
de 4 , ſi cette force ne ſe fut point conſumée ,
c'eſt-à-dire , s'il ne les avoit pas ſoulevées , ce
qui eſt viſiblement ſuppoſer en même-tems les
contradictoires , & juſqu'à ce que vous ayez
répondu avec préciſion à ce dilemme , j'aurai
eu raiſon de dire , comme j'ai l'honneur de vous
le *redire* ici , qu'il eſt auſſi impoſſible qu'un
Corps , par la même force qui lui fait fermer
3 reſſorts dans le premier inſtant , & un dans
le ſecond , par un mouvement retardé , en
ferme 4 dans le premier inſtant & 2 dans le ſecond , par un mouvement uniforme , qu'il eſt
impoſſible que 2 & 2 faſſent 6 , & il ne vous eſt
pas même permis de le ſuppoſer à moins qu'on
ne vous accorde la permiſſion de ſuppoſer en

même tems , que des reſſorts ſont fermés , &
qu'ils ne ſont pas fermés.

Or comme vous avez fait le raiſonnement
que contient votre n°. 41 , pour prouver cette
propoſition , que vous aviez avancée au n°. 40.
*que la meſure de la force motrice n'eſt pas les reſ-
ſorts fermés , ni les obſtacles derangés , mais les obſtacles non derangés & les reſſorts non fermés, & qui
l'auroient été par une force conſtante,* il faut abſolu-
ment , cu que vous conveniez que votre raiſonnement ne prouve *rien du tout,* je dis exactement
rien , dans toute la force de cette expreſſion , ou
bien que vous conveniez qu'il renferme une
contradiction auſſi palpable que de ſuppoſer que
2 & 2 font 4 & 6 en même-tems : or je laiſſe a
conclure ce qu'il prouveroit alors.

Et ne penſez pas que j'aye choiſi l'exemple
des lames de reſſort ſoulevées , ou applaties ,
plutôt que celui des obſtacles de la péſanteur,
ſurmontés par un Corps qui remonte , parce
que ce Cas de la péſanteur ſurmontée vous eſt
plus favorable que l'autre , comme vous pa-
roiſſez le croire à la pag. 29. de votre Lettre :
c'eſt une erreur dans laquelle je ne veux pas
vous laiſſer , & puiſque ce que j'ai dit ſur cela
au n°. 567 des inſtitutions Phyſiques page 420,
& ſuiv. ne vous ſuffit pas ; je vais vous prouver de nouveau que le Cas d'un Corps qui remonte , ſur lequel vous avez , dites vous , *tant*

pag. 29.
lig. 11. *infisté* ne vous est pas moins contraire que les autres.

Edit.
in-12. Je ne veux pas dissimuler que vous dites, pag. 76 de votre Mémoire, que le Corps qui remonte ne perd pas sa force *à parcourir* les espaces dans lesquels il remonte, mais qu'il la perd en *les parcourant*, ni vous priver de l'avantage que vous *pouvez tirer d'une* distinction si fine, & qui éclaircit si bien la difficulté ; mais je crois cependant que quelque distinction que vous fassiez il faut nécessairement lorsque vous examinez ce qui arrive à un Corps qui commence à remonter avec la vitesse 2 , par exemple, & quelle est sa force, que vous fassiez abstraction des obstacles que les impulsions de la pésanteur lui opposent, ou que vous n'en fassiez pas abstraction, il n'y a pas un troisiéme parti à prendre ; or il est évident, de cette évidence que tout le monde peut saisir, que si vous laissez ces obstacles, le Corps avec la vitesse 2. ne montera jamais qu'à la hauteur 4, & que si vous ôtez ces obstacles, il n'y a plus alors de calcul à faire de la force qui les surmonte, ni des pertes de force que le Corps a fait en les surmontant, puisque l'espace vuide d'obstacles que ce Corps auroit parcouru dans cette supposition, n'auroit consumé ni sa force, ni sa vitesse, ce n'est donc pas ce que ce Corps n'a point fait qui doit être la mesure de la force qu'il a perduë, mais les obstacles qu'il a surmontés, car les ef-

fets produits, dans le mouvement uniforme & ·
dans le mouvement retardé , font d'un gen-
re different & qu'on ne peut comparer , l'effet du premier n'étant que l'efpace parcouru
fans aucun obftacle dérangé dans cet efpace ; &
celui du fecond confiftant dans le déplacement
de ces obftacles, je ne craindrai donc point d'affurer que dans tous les cas *poffibles* , la force des
Corps doit être évaluée par les obftacles qu'ils
furmontent de quelque nature qu'ils puiffent
être , & qu'on ne peut fubftituer aux pertes
réelles qu'ils font en les furmontant , les pertes
maginaires que vous leur faites faire en ne les
furmontant pas , fans fuppofer en même-tems
les contradictoires , & qu'enfin , fuppofé qu'il
fut poffible que les expériences nous fiffent il-
lufion , & que la force des Corps ne fut pas le
produit de leur maffe par le quarré de leur viteffe , je dis que dans ce cas même , votre propofition & les conclufions que vous en avez tirées feroient toujours fauffes , car ce qui implique contradiction ne peut jamais devenir vrai.

Cependant malgré toutes ces preuves, vous me
dites encore à la pag. 11. de votre Lettre , que
je ne puis vous paffer cette conclufion, *qu'on doit
eftimer la force des corps par les obftacles qu'ils ne
furmontent point , & qu'ils auroient furmonté par
une force conftante* , mais que je ne la *refute nullement* : dites moi donc ce que c'eft que *refuter* ,
fi ce n'eft pas démontrer , que ce que l'on com-

bat implique contradiction ? mais c'eſt peut-être

pag. 14. cela que vous appellez refuter *un peu cavaliere-*
lig. . *ment.*

Il eſt vrai que ſi j'avois voulu ennuier mes lecteurs j'aurois pu, & je pourois encore faire une
refutation plus ample de votre Mémoire, que
celle qui ſe trouve dans les Inſtitutions Phyſiques & dans cette Lettre , mais comme la propoſition que j'ai réfutée , ſert de baſe à tous les
raiſonnemens qu'il contient , & que tous vos ar-
gumens ne ſont que cette même idée retournée
mais toujours défectueuſe , je crois qu'il ſuffit
d'avoir ſapé cette baſe pour faire crouler tout
l'édifice : je vais donc à préſent me défendre à
mon tour , & voir ſi je pourrai ſauver les preuves que j'ai apportées dans mon ouvrage en
faveur des forces vives , des coups que vous
prétendez leur porter dans votre Lettre.

pag. 14. Vous commencez par attaquer un argument
juſqu'à tiré du choc des Corps que j'ai rapporté d'après
la 24. M. Herman ; pour celui-ci vous ne m'accuſez
pas de l'avoir défiguré , ainſi c'eſt M. Herman ,
que vous attaquez pour le fonds des choſes, &
je n'y ſuis que pour les louanges que j'ai don-
nées à cet argument, & que vous trouvez auſſi
ridicules , que l'argument même.

Mais je ſuis tentée de croire que tout ceci
n'eſt qu'une plaiſanterie, car comment peut-on

penſer que ce ſoit ſérieuſement que vous accu-
ſiez un auſſi grand Geometre que M. Herman,
de confondre le double d'une quantité avec ſon quar-   pag.18.
ré , & d'ignorer , que quoique le quarré de 2. ſoit 4.
celui de 3. n'eſt pas 6. En vérité ne ſeroit-ce pas
M. Herman *qui ne ſe donneroit pas la peine de ré-*   idem
pondre , à une telle allégation ?   lig. 1.

Mais je ne dois pas être ſi difficile , ainſi puiſque vous me forcez par tout ce que vous ajoutez , de prendre ce que vous dites ſur cela pour
un raiſonnement ſérieux , je vais y répondre ,
& vous faire voir que ce cas propoſé par M.
Herman , n'eſt ni *particulier ,* ni *fortuit ,* ni *équi-*   pag.16.
voque.   lig. 16.

Pour le prouver , je reprends volontiers avec   pag.20.
vous les 3. boules A , B , C , & je ne veux pas   lig. 13.
me ſervir d'un autre exemple que de celui que
vous me demandez vous-même ; donnons donc
4 de viteſſe à la boule A. Il eſt certain qu'elle   pag.16.
donnera , comme vous le dites , à la boule triple B , 2 de viteſſe ; or , dites-vous , 2 de viteſſe
par 3 de maſſe donnent 6 de force ; mais aſſurément quelqu'envie que j'aye de vous *tirer*   pag.17.
d'erreurs, je ne puis me *prêter* ici a votre maniere   lig. 17.
de compter , 2 de viteſſe par 3 de maſſe font
ſelon mon compte 12 de force & non pas 6 , &
cela , parce que le quarré de 2. eſt 4 & que le
produit de 4 par 3 eſt 12 & non pas 6. [car   pag.17.
vous voyez que j'y *prends bien garde.]*   lig. 22.

Le Corps A. qui rejaillit avec 2 de viteſſe &
dont la maſſe eſt 1 , a ſelon ce même compte ,
4 de force , 12 & 4 font 16 :donc la force apres
le choc ſera 16, c'eſt-à-dire comme le quarré de
la viteſſedu Corps choquant A. avant le chocq :
car cette viteſſe étoit 4 ; & ſon quarré 16 , multiplié par la maſſe 1 , donne 16 de force ; vous
voyez donc que ce cas , loin de refuter le cas
rapporté par M. Herman , le confirme , & quelque viteſſe ou quelque maſſe qu'il vous plaiſe
de donner à ces Corps, vous trouverez toujours
leur force après le choc, comme le quarré de la
viteſſe du corps choquant multiplié par ſa maſſe ; ainſi cet exemple de M. Herman, n'eſt point
pag. 18. lig. 8. particulier , mais général , & ce n'eſt point en
tant que *double* de ſa premiere puiſſance , que
2 de viteſſe donne le nombre 4 dans cet exem-
pag. 18. lig. 9. ple , mais *comme la ſeconde puiſſance ou ſon quarré,*
ne vous mettez donc point en dépenſe *d'infinis*
pag. 19. lig. 9. pour *parier* , car vous voyez que je ne ferai point
réduite , comme vous le craignez , à faire dé-
pag. 18. lig. 3. ſormais la force des Corps , comme la ſomme
des maſſes , multipliée par le double de la viteſſe.

Mais voyons à quoi vous êtes réduit vous-
même , pour trouver que dans cet exemple la
force communiquée par le Corps A. n'eſt qu'en
raiſon de ſa ſimple viteſſe multipliée par ſa maſſe ; car le Corps triple B , auquel le Corps A.
a donné 2 de viteſſe , a , de votre aveu même ,

6 de force, en voila déja plus que le Corps A pag.17.
n'en avoit, puifqu'il n'avoit que 4 de viteffe, lig. 8.
& 1 de maffe, & par conféquent 4 de force,
fuivant votre compte.

Mais ce n'eft pas tout encore, car le Corps
A. qui avec 4 de force, en a communiqué 6
au Corps B, en a gardé 2 pour lui, felon vous-
même, ce qui eft encore un furcroît d'embarras. pag. id.

Mais vous vous en tirez à merveille, en nous
apprennant que la force du Corps A. n'eft qu'-
une force *négative*; & en la fous-traïant, *felon* pag.20.
toutes les regles de l'algébre, de la force *pofitive*
du Corps B, vous trouvez votre compte.

En verité c'eft une chofe admirable, que la
facilité avec laquelle, cette petite *barre*, que
vous avez mis devant l'expreffion de la force du
Corps A, vous a débarraffé de ces 8 forces, que
votre calcul même vous donnoit après le choc,
au lieu de 4 que vous lui demandiez; mais di-
tes-moi je vous fupplie, fi ce figne *moins*, &
cette fouftraction ont ôté aux Corps A & B,
quelque partie de leur force, & fi les effets que
feront ces Corps fur des obftacles quelconques,
en feront moindres, c'eft affurement ce que
vous ne penfez pas, & je ne crois pas que vous
en vouluffiez faire l'experience, ni vous trouver
dans le chemin d'un Corps qui réjailliroit af-
fecté de ce figne *moins*, avec 500 ou 1000 de
force.

Je vous avoüe donc, tout ferieufement, (car
c'eft malgré moi, & feulement pour vous fui-
vre, que je m'éloigne quelquefois dans cette
Lettre, de ce ftile févére, que je crois être le
feul qui convienne aux matieres philofophiques)
je vous avoüe, dis-je, que je ne vois pas de
quoi ce figne *moins* vous avance, & comment
pag. 20.
lig. vous pouvez en conclure, qu'il n'y a *véritable-*
ment dans ces exemples que 4 de force, après,
pag. 25.
lig. 21. comme avant le choc, en ne confidérant que
le tranfport de matiere de même part : car aucun de ceux qui foûtiennent les forces en raifon du quarré n'a dit, ce me femble, que ces
forces dûffent fe retrouver après le choc dans
une même direction ; & en effet, puifque ces
Corps après le choc ont *réellement* les forces pro-
portionnelles à ce quarré, & qu'ils peuvent com-
muniquer & exercer cette force il me paroît
qu'il importe fort peu à fon exiftence que ce foit
à droit, ou à gauche qu'elle exifte ; ainfi de *quel-*
que coté que vous vous tourniez, il y aura toujours felon votre compte dans cet exemple, 4
de force avant le choc, & 8 de force après, ce
qui eft un peu embarraffant.

Je vous avoüe que je ne conçois pas ce que
vous dites *fommairement* pag. 20. *que les Corps*
dont il s'agit dans l'experience de Mr. Herman, font
fuppofez fe mouvoir d'un mouvement uniforme, avant
& après le choc, & que par conféquent les forces
vives n'y peuvent avoir lieu, car l'on ne confidé-

re dans cette experience que l'effet produit par
le Corps A ; or certainement ce Corps A qui a
perdu toute sa vitesse , & toute sa force en choquant les corps B & C ne s'est pas mu d'un mouvement uniforme , & à l'égard des Corps B &
C , on ne considére pas ce qu'ils font , mais ce
qu'ils peuvent faire ; or dans l'experience de Mr.
Herman ils ont à eux deux la force 4, toujours
prête à se déployer contre le premier obstacle
que vous leur présenterez.

Mais je ne dois pas oublier qu'il me reste à
vous prouver , que ce cas proposé , par Mr.
Herman , n'est ni *fortuit* , ni *équivoque*.

Mr. Herman n'étoit pas homme à choisir ses
exemples au *hazard* , car c'est tout ce que veut
dire ici , le mot de *fortuit* : or il est aisé de voir,
que la raison qui a déterminé ce Geométre à
choisir parmi tous les cas possibles , que je vous
ai fait voir, qui prouvent également son opinion,
celui qu'il a proposé ; c'est que ce cas est le
seul dans lequel les adversaires des forces vives
soient obligés de convenir , que même selon pag.20.
leur compte , les forces communiquées sont en lig.8.
raison du quarré des vitesses du Corps choquant,
parce qu'il n'y a que l'unité qui soit égale à son
quarré. Ce cas n'est donc, ni *fortuit*, ni *particulier*,
ni *équivoque* , mais il est *général , choisi avec raison suffisante* , & *décisif* ; car Mr. Herman étoit
en droit d'esperer que l'on conviendroit que le

Corps choquant A avec la viteſſe 2.avoit la force 4 , puis qu'il faiſoit voir dans un cas non
conteſté , ou du moins non conteſtable , qu'il
avoit communiqué cette force.

Mais de plus , le Corps A perd ſa force par
le choc dans ce même exemple , dans la même
proportion qu'un Corps qui remonte avec 2 de
viteſſe perd la ſienne par les coups de la péſanteur , comme je l'ai remarqué à la pag. 436. des
Inſtitutions,& c'eſt encore une des raiſons qui ont
engagé Mr. Herman à ſe ſervir de cet exemple,
préférablement aux autres , & à y introduire le
pag.22. Corps C, que vous appellez un *intrus* , quoique
lig. 21. vous ayez cependant reconnu vous-même, qu'il
pag.23 étoit néceſſaire de l'introduire dans cette expe-
lig. 5. rience , afin que ce qui s'y paſſe , fut analogue
& ſuiv. à ce qui arrive dans les eſpaces parcourus par
un Corps qui remonte d'un mouvement que les
coups de la péſanteur retardent.

Ce n'eſt point non plus ſans *néceſſité* que je dis
pag. 436. & 437. des Inſt. après avoir rapporté cette experience de Mr. Herman , *que quoi
qu'elle réponde à ce que l'on a allegué contre la plu-
part des autres experiences qui prouvent les forces
vives , cependant la difficulté du tems y reſte encore*,
car il me ſemble que j'explique aſſez clairement
dans la ſuite de la pag. 437. comment cette difficulté y reſte , & en quoi elle conſiſte , pour
que vous ne ſoyez pas en droit de me dire com-

me vous faites, *que si la difficulté du tems entre* pag. 23.
dans cette expérience, c'est à d'autres égards, & lig. 19.
nullement de la façon dont j'ai cru le devoir crain- & 20.
dre, car j'ai dit bien expressément à cette page
437. des Institutions que cette expérience ne
pouvoit satisfaire entierement les adversaires,
parce qu'ils demandoient un cas, dans lequel, un
Corps avec une double vitesse, fit un effet quadru-
ple, dans le même tems, dans lequel un autre Corps,
avec une vitesse simple, produit un effet simple.

Or dans l'experience de M. Herman, si le
Corps A. a communiqué toute sa force aux
Corps B & C, il aura bien produit l'effet quadruple, mais il ne l'aura produit qu'un temps
double, & s'il n'a communiqué qu'une partie
de sa force au Corps B, & qu'il n'ait point ren-
contré le Corps C, il n'aura point produit l'effet quadruple demandé.

Je n'ai donc point *jugé à propos de prévenir* pag. 23.
une objection, qu'on *ne devoit point me faire,* lig. 23.
mais j'ai repondu à l'objection, que M. Papin 24. &
avoit fait autrefois à M. de Leibnits, & que 25.
M. Jurin a renouvellée depuis.

Reprenez donc votre *étonnement*, Monsieur, pag. 21.
car il n'est point du tout *surprenant*, que j'aye à la fin.
cherché à repondre à cette objection, qui étoit
la seule qu'une experience incontestable n'eut
pas encore détruite.

Voilà pourquoi , j'ai rapporté à la page 4;8.
des Inftitutions, un cas que l'on a trouvé , &
par lequel on fatisfait entierement a la demande des adverfaires ; puifqu'il y a dans cet
exemple comme dans celui de M. Herman , 4
degrés de force produits par 2 de viteffe & cela
felon votre maniere de compter , [car ce quarré
eft un ennemi que vous retrouvez par tout.]
Mais cette experience a par deffus celle de M.
Herman , l'avantage , que l'effet quadruple y
eft produit *in uno iStu* , comme on l'avoit toujours demandé en vain , ce qui fait évanouir
entierement la difficulté du temps , car ce n'eft
pas un effet produit en un inftant indivifible ,
& dans lequel le tems n'entrât pas *pour quelque
chofe* , que l'on avoit demandé , puis que le tems
entre , & *entrera* toujours , dans tous les effets
naturels , tant dans ceux qui prouvent les forces vives , que dans ceux par lefquels on a
prétendu les combattre , mais on avoit demandé un effet quadruple , produit par une viteffe
double , dans le même tems qu'une viteffe fimple produit un effet fimple , & c'eft ce que l'on
trouve dans le cas que j'ai rapporté.

Je ne fçai ce que M. Jurin répondra à cette
expérience , qui fatisfait , je croi , à l'efpece
de défi que cet excellent Philofophe a fait aux
partifans des forces vives ; mais je fçai bien que
quelques incompétences qu'il decouvre dans mon

(31)

ouvrage , sa réponse , s'il en fait une , sera pag.27.
remplie de politesse , & de cette sagacité , qui lig. der-
caracterise tout ce qu'il fait , car personne ne niere.
rend plus de justice que moi au mérite de Mr
Jurin, quoique je sois dans des sentimens fort
différens des siens ; mais qui peut mieux prouver que vous , Monsieur, que mon assentiment
n'est le prix que de la vérité , & qu'en fait de
philosophie l'estime la plus extrême , ne peut
rien sur moi sans la conviction, car quoique je
n'aye jamais été en commerce avec vous ,
avant cette Lettre , c'étoit assez d'avoir lû vos
Ouvrages , pour estimer votre mérite.

Cette estime que je fais profession d'avoir
pour vous , Monsieur , me porteroit volontiers
à la *transaction* que vous me proposez sur ce
qui arrive dans la pésanteur , si je pouvois devi- pag.31.
ner le sens de cette proposition,& ce qui arrive lig. 6.
dans la chûte des Corps,& pourquoi vous vous
dissimulez à vous-même que c'est de leur exem- pag.28.
ple, que j'ai tiré ma premiere preuve en fa- lig. 25.
veur des forces vives , page 421. des Institutions Physiques. Je ne pouvois assurément m'at-
tendre après cela , que vous me reprochassiez pag.29.
de ne vouloir pas les prouver par *cet effet* , di- lig. 6.
tes-vous , *si simple* , & qui ne l'est peut-être pas
tant.

Je me flatte du moins qu'après ce que j'ai eu

l'honneur de vous dire , à la pag. 20. de cette lettre, vous ne regarderez plus l'exemple d'un Corps qui remonte , ou qui defcend , & dont le mouvement n'eft retardé , ou acceleré que par les impulfions de la péfanteur, comme un cas abandonné , dans lequel ceux qui foutiennent les forces vives , font obligés de convenir qu'on ne les trouve pas ; car j'efpere vous avoir répondu affez précifément pour lever tous vos doutes , aufquels je ne fçache pas d'ailleurs qu' aucun partifan des forces vives ait donné lieu.

Il eft vrai que Mr Bernoulli a dit *, que cet exemple tiré de la chûte des Corps, que Mr de Leibnits avoit propofé , ne lui paroiffoit pas affez convaincant , & il l'a confirmé par une infinité de demonftrations , telles qu'il les fait faire ; mais ce qui a confirmé cet exemple , l'a-t'il réfuté ? conclure ainfi , ce feroit affurément pag.28. ce qu'on pourroit appeller , procéder dans fes lig. 17. raifonnemens *d'une maniere toute oppofée à celle* 18. & *que la bonne philofophie nous dicte.* 19.

C'eft, ce me femble, avec quelque raifon,que les Leibnitiens difent , non pas fimplement , pag.28. comme vous le prétendez , *que le tems n'eft rien,* lig. 9. car cela n'auroit aucun fens ; mais que pour faire un effet quadruple , il faut avoir une force

---

* Dans fon mémoire envoyé à l'Académie en 1726.

quadruple,

(33)

quadruple, quel que ſoit le tems dans lequel
cet effet s'opere ; & quand pour répondre à
l'objection qu'on leur fait, que ces effets quadruples, s'operent dans un tems double, ils ap-
portent des exemples dans leſquels l'effet quadruple eſt produit dans un tems ſimple, ce n'eſt
pas qu'en effet la force en fut moins quadruple, ſuppoſé qu'il ne ſe trouvât aucun effet
quadruple operé dans un tems ſimple ; car ces
effets quadruples n'en ſont pas moins produits
pour l'avoir été dans un tems double, & ils ne
l'ont pas été ſans force, puiſqu'il n'y a point
d'effet ſans cauſe : mais on apporte ces exemples pour convaincre les adverſaires par leurs
propres principes, & pour les forcer de conclure, que lorſque l'effet quadruple eſt produit
dans un tems double, ce n'eſt point à cauſe de
ce tems double que l'effet quadruple a été produit, mais parce que le corps qui l'a operé
avoit une force quadruple, & alors on peut
mettre à l'occaſion de la difficulté du tems,
cette parentheſe, *ſi c'en eſt une* ; car cette paren- pag. 28.
lig. 7.
theſe, que vous me reprochez, ne veut dire
autre choſe, ſinon que, ſoit que le tems ſoit
double, ſoit qu'il ne le ſoit pas, les effets étant
toujours quadruples, la force qui les produit
le doit être, & qu'enfin ce raiſonnement, *cum
hoc, ergo propter hoc*, n'a pas plus de juſteſſe, &
ne doit pas avoir plus de poids ici, qu'ailleurs.

Vous me repetez encore ici, Monſieur, *que*

pag.26. *je n'ai point lû votre Mémoire ; & à force de me le
& 27. dire, je crains qu'à la fin vous ne me le per-
lig.der- fuadiez : je viens donc encore de le relire* pour
niere & la troifiéme fois, afin d'être bien affurée de l'a-
prem. voir lû, mais j'avouë que je n'y ai trouvé aucune des chofes, que vous m'aviez fait efpé-
pag.17. rer : telle eft, par exemple, la démonftration
par laquelle vous dites dans votre Lettre avoir
refuté plufieurs cas pareils à celui de M. Her-
pag.26. man, non plus que cet exemple, *tout pareil à
lig. 7. celui qui fe trouve à la pag. 438. des Inft. pour
& 8. ne pas dire le même ;* enfin je l'ai *relû, fans fentir
pag. 5. le foible de mes preuves,* ni la force des vôtres, &
je n'ai remporté d'autre fruit de cette nouvelle
lecture, que de me convaincre, de plus en plus,
que je ne le lirai jamais *bien*, quand j'y paffe-
rois toute ma vie ; vous fentez bien que la feu-
le confolation qui me refte après cela, c'eft d'ef-
pérer que vous ne me ferez par du moins le
même reproche fur votre Lettre.

En lifant cette Lettre, je vois que vous dites
à la pag. 37. que les adverfaires des forces vi-
lig. 6. ves *n'ont cherché qu'à invalider* les experiences
tirées des *enfoncemens faits dans l'argile*, par lef-
quelles on les prouve ; quoique cependant vous
m'euffiez fait l'honneur de me dire à la pag. 30.
lig. 7. de votre même Lettre *que vous ignorez qui font
ceux qui rejettent ces experiences*. Mais apparemment que vous l'avez appris depuis.

(35)

Vous ajoûtez enfuite , *que vous les avez adop-* pag. 30.
tées en preuve de votre fentiment , ce qui s'appelle lig. 12.
affurément faire argent de tout , fans s'enrichir. & 13.

Vous me demandez ici , Monfieur , pour le- pag. 31.
quel des deux partis je crois que fe trouve *la*
préfomption : je vous avouë que je ne m'étois
point fait encore cette queftion , & qu'ainfi
vous me prenez au dépourvu pour y répondre ;
mais pour vous donner une preuve de ma défé-
rence , je vous dirai que fi je croyois qu'il n'y
eut que des préfomptions dans cette difpute , je
vous abandonnerois volontiers cet avantage ;
ainfi nous ferions bientôt d'accord. A l'égard de
l'autorité *bien ou mal évaluée* , je vous avouë que pag. 32.
je ne crois pas qu'elle doive décider dans une lig. 5.
queftion , qui eft devenuë toute Mathematique.

Auffi quand j'ai cité Mrs. Herman , & Bernoulli , dans mon Livre , n'ai-je pas prétendu en
impofer à mes Lecteurs par des noms fi célébres,
mais j'ai voulu feulement les mettre à portée
d'aller chercher les preuves de ces Philofophes,
dans leurs Ouvrages mêmes.

Je me perfuade donc que fi vous vous donniez
la peine de faire ce Livre *fur les préjugés légitimes*, pag. 33.
que vous croyez qui feroit fi *utile* à cette difpute, lig. 6.
on le liroit avec plaifir, comme tout ce qui fort
de votre plume , car c'eft là affurément *un pré-*
juge bien légitime ; mais je doute qu'on en pût ef-
perer d'autre fruit.   C ij

pag. 33.
lig. 16.   Quant à ce que vous appellez ; *des sources d'illusion plus délicates*, quand je sçaurai ce que vous entendez par-là, je tâcherai d'y répondre.

pag. 45.   Vous, Monsieur, qui vous revoltez tant contre l'autorité, il me semble que vous appuyez beaucoup ici sur celle de Mr. Newton, qui croyoit la force des Corps proportionnelle à leur simple vitesse ; mais comme il n'en parle que dans les questions qui sont à la fin de son optique, & que nous n'avons aucun ouvrage de lui, qui nous fasse voir qu'il ait discuté les preuves, que l'on apporte en faveur des forces vives, on
pag. 13.
lig. 16.   peut *raisonnablement douter* de quelle opinion M. Newton eut été s'il les avoit discutées, car il étoit assez grand homme pour embrasser une opinion dont M. de Leibnits étoit l'Auteur, s'il l'avoit jugée véritable.

pag. 32.
lig. 8.
& 9.   Tout est dit selon vous, Monsieur, ou le doit être, sur cette matiere ; mais tout ne l'étoit pas en 1728, & si vous n'aviez pas donné votre mémoire, on n'auroit jamais sçu que la force d'un Corps doit être estimée par ce qu'il ne fait pas.

pag. 32.   Je ne sçais s'il y a des choses *nouvelles*, sur cette matiere dans mon Livre, & ce n'est pas à moi d'en juger ; mais je me flatte, du moins, d'y avoir *démontré*, que votre façon d'estimer la force des Corps, n'a pas l'avantage de la *vé-*

rité, & je ne cherche point à vous difputer celui
de la *nouveauté*.

Je fuis enfin de votre avis , Monfieur, & j'aurois été bien fâchée que cette Lettre fe fut ter-
minée fans cela ; je crois comme vous, que l'on
auroit grand tort de fe perfuader que cette quef- pag. 35.
tion fur la maniere d'eftimer la force des Corps
n'eft qu'une queftion de nom ; & ceux qui fe
retireroient dans cet *afyle* mériteroient affuré- idem,
rément d'en être tirés pour effuier toutes les lig. 14.
queftions qui fe trouvent à la pag. 35. de votre
Lettre ; j'efpére donc que vous ne vous repen-
tirez point de la juftice que vous voulez bien
rendre à mon difcernement , en me croyant
affez *éclairée*, pour voir que de donner 100. dé- idem.
grés de force a un Corps, ce n'eft pas la même
chofe que de lui en donner 10.

Enfin je fuis encore perfuadée avec vous qu'il
y a quelqu'un *ici* qui a tort ; mais je fuis bien pag. 37.
fure du moins de n'avoir pas celui de ne pas fen- lig. 12.
tir tout votre mérite. Je fuis , &c.

9 782019 304850